DES MOYENS

D'EXPÉDIER LE TRAVAIL

DANS LES ARTS,

ET PARTICULIÈREMENT EN AGRICULTURE,

PAR M.-A. **PUVIS**.

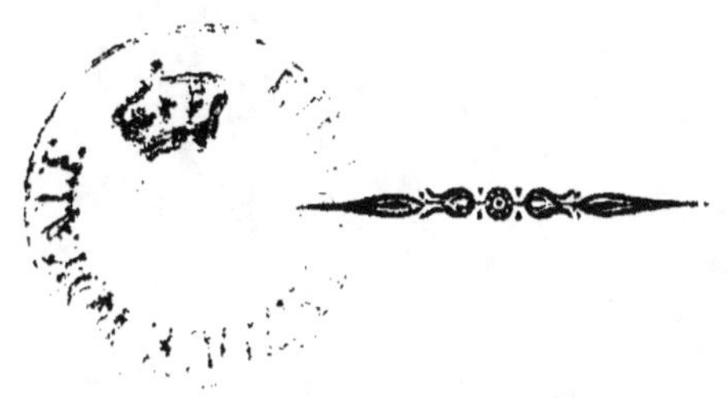

A BOURG,

DE L'IMPRIMERIE DE P.-F. BOTTIER.

1833

DES MOYENS

D'EXPÉDIER LE TRAVAIL DANS LES ARTS,

ET PARTICULIÈREMENT EN AGRICULTURE.

Le plus grand résultat des progrès dans les arts, consiste à diminuer la main-d'œuvre, ou, ce qui revient au même, à obtenir plus rapidement et à moindres frais un travail donné.

Dans la plupart des arts, on est parvenu, sous ce rapport, à un point de perfection inespéré, et les machines tiennent la place d'immenses populations : en Angleterre, 20 millions d'hommes sont suppléés par les machines : ce pays nourrit à peine sa population actuelle ; que serait-ce donc si ces hommes machines s'animaient, ou plutôt si tout ce travail était produit par des hommes ; trois mois seulement de stagnation industrielle livreraient le pays et ses richesses à une population affamée, qui, après avoir tout spolié et détruit dans le pays, se détruirait bientôt elle-même. C'est donc un grand bonheur pour la Société, qu'au milieu de tous les besoins de la civilisation, on ait eu recours aux machines pour alimenter la plupart des consommations : sans cela, le pays serait surchargé d'une population que souvent il ne pourrait pas nourrir, qui, au moindre événement qui suspendrait les demandes des consommateurs, réagirait sur le corps social entier, impuissant pour la contenir parce qu'elle serait trop nombreuse.

En Chine et dans l'Inde où les machines sont peu employées, et où les ouvriers par conséquent sont nombreux, il arrive souvent des famines qui déciment la population ouvrière : l'état politique n'y est cependant point troublé, parce qu'assouplie par le despotisme, devenue sans passions et sans énergie, la population ouvrière souffre et meurt sans se plaindre.

En Angleterre, l'emploi des machines a créé de grandes richesses; et ces richesses ont fait naître des industries nouvelles, se sont répandues dans toutes les classes de la nation, ont particulièrement fourni à l'agriculture des capitaux à l'aide desquels elle a elle-même doublé ses produits pendant que l'industrie manufacturière décuplait les siens : de là est résulté que toutes les classes, que les pauvres comme les riches sont arrivés à être mieux nourris, mieux vêtus, mieux logés. Aidée par tout ce développement d'aisance générale, la population s'y est accrue depuis 5o ans plus qu'en aucun pays d'Europe. Et en résumé, l'invention des machines est loin d'avoir diminué la somme de main-d'œuvre demandée aux ouvriers, puisque depuis leur emploi, les mêmes fabrications en occupent deux ou trois fois autant qu'auparavant.

Mais la supériorité que l'emploi des machines a donnée à l'Angleterre dans un grand nombre d'arts, est encore plus évidente en agriculture : en France, 22 millions d'agriculteurs, plus des deux tiers de la population, font naître un produit brut de 4 milliards 5oo millions, c'est un peu plus de 2oo fr. par individu; en Angleterre, moins de la moitié de la population, 7 1|2 millions d'agriculteurs créent un produit brut de 5 milliards 42o millions, c'est 722 fr. par individu, ou plus de trois fois et demie de plus qu'en France : cette différence provient sans doute, en grande partie, de la concentration des propriétés, de leur culture en grand, de l'abondance des capitaux agricoles, du plus haut prix des produits; de la grande étendue de sol en prés et pâturages qui ne demandent presque point de main-d'œuvre; mais elle résulte encore de l'emploi des méthodes perfectionnées et des machines qui expédient l'ouvrage et donnent au sol une culture soignée; nous avons donc, sous ce rapport, de grands pas à faire; bien qu'il ne soit pas à souhaiter, comme nous le verrons tout à l'heure, que nous arrivions à un résultat analogue; mais sans y arriver, nous devons encore toutefois chercher à rendre le travail de l'agriculture plus expéditif et plus économique; et ce doit encore être plus pour pouvoir produire davantage et à meilleur marché, et voir descendre le prix des choses nécessaires à la vie, que pour accroître l'aisance de celui qui cultive et de celui qui possède.

Le gouvernement, dans l'état actuel des choses, pour aider l'agriculture, a établi des lois céréales et des lois de douanes qui prohibent ou taxent à l'entrée les produits des sols étrangers, et tendent par conséquent à faire élever le prix des grains et de la viande, et des choses les plus nécessaires à la vie; mais, lorsque notre agriculture produira plus et à meilleur marché, au même prix enfin que nos voisins, ces lois deviendront inutiles, se modifieront; et nos voisins, dont nous ne repousserons plus les produits, accueilleront les nôtres: de là et dans toutes les classes un plus grand développement de richesses et d'aisance, et la baisse des choses les plus nécesssaires à la vie; et ces résultats seront produits sans que l'agriculture y perde, parce qu'elle aura elle-même moins dépensé pour produire davantage.

En agriculture, l'emploi des machines n'offre pas les inconvéniens que les premiers momens de leur introduction présentent dans les arts; elles ôtent, dans les fabriques, l'ouvrage à des ouvriers spéciaux qui se rejettent avec peine, difficulté et grande perte, sur d'autres travaux auxquels ils sont étrangers; en agriculture, au contraire, le travail de la terre est multiple, et toujours quelque partie se trouve négligée et prête à payer dans l'année même les soins qu'on lui donnera : ainsi le temps et les ouvriers que laisserait sans emploi l'usage de la faux à moissonner et de la machine à battre, se reporteraient avec grand avantage sur les ouvrages qu'on a laissés inachevés, sur le soin des récoltes de printemps négligées à la fin de l'année : de là résulterait plus de produits dans l'année même, et une meilleure préparation du sol pour l'année suivante : l'art agricole est si étendu, si varié, la culture du sol est propre à tant de produits, que les bras trouvent aisément de l'emploi.

En France, les cultures industrielles peuvent encore pendant long-temps croître en étendue sans qu'on puisse craindre un trop plein : 40 millions de soie à produire pour nos fabriques; le double peut-être que nous demandent les fabriques étrangères; nos vins et nos eaux-de-vie qui peuvent voir doubler leur consommation tant à l'intérieur qu'à l'étranger; nos toiles fines de lin, sans rivales; nos huiles de toute espèce, encore chères, tant pour les arts que pour la consommation; la culture trop restreinte de nos plantes tinctoriales, du chanvre dans les pays où il convient au sol; tout cela attend pour être produit des bras disponibles et à prix modéré.

Nous avons 7 millions d'hectares en friches; nous

avons presque partout des marais à dessécher; enfin, dans beaucoup de pays, la culture languit par défaut de bras: il y a donc encore bien de l'emploi pour les ouvriers agricoles; aussi, au milieu de nos progrès de culture, qui ne peuvent se contester puisque notre sol nourrit et vêtit mieux une population accrue d'un tiers; au milieu de l'introduction des méthodes économiques, de l'accroissement progressif du nombre des machines; le prix de la main-d'œuvre agricole s'est accru généralement en France, et presque de toutes parts les ouvriers agricoles sont employés et manquent même souvent à l'ouvrage qu'on voudrait leur donner.

D'ailleurs il est peu à désirer que nos ouvriers de terre quittent l'agriculture pour se porter aux fabriques: nous avons sur l'Angleterre un bien grand avantage dans la distribution de notre population: les 2/3 en France sont employés à l'agriculture, et 1/6 au plus dans les manufactures; pendant qu'en Angleterre plus de la moitié de la population est industrielle.

La population agricole tient au sol, à la paix qui favorise sa culture et assure sa prospérité. Elle est heureuse à peu de frais, facile à gouverner, et c'est encore aux champs que l'on trouve le plus de bonne foi et de vertus morales; pendant que la population industrielle des villes vit au jour le jour, sans économie, s'agite par les questions politiques, est à la merci de tous les partis, de tous ceux qui veulent le trouble dans le pays: la plus légère circonstance la laisse sans travail et sans qu'elle puisse en entreprendre ailleurs: or, en France, la proportion relative des agriculteurs est double au moins de celle qui existe en Angleterre, et la proportion des industriels n'est que le tiers de ce qu'elle est dans ce même pays. En outre, en France, la plus grande partie de la population agricole est propriétaire, pendant qu'en Angleterre elle est prolétaire comme la population industrielle. Conservons, s'il se peut, cette distribution proportionnelle de notre population ; et, moins riches que nos voisins, nous aurons pour compensation plus de garanties de paix intérieure et de stabilité qu'ils n'en ont.

Mais il est bien remarquable aussi que l'esprit de notre population entière est aussi bien meilleur qu'en Angleterre ; de grands faits récens le prouvent de la manière la plus frappante : comparons, en effet, la conduite du peuple industriel, vainqueur à Paris dans les journées de juillet, et à Lyon dans celles de novembre, à celle du peuple anglais à Bristol : le contraste frappant que nous offrent ces événemens, nous semble devoir être attribué à ce qu'en France la population ouvrière est alimentée en grande partie par la population agricole qui, dans sa nouvelle position, conserve encore plus ou moins ses mœurs, ses habitudes, son esprit d'ordre et d'économie, et réagit sur toute la classe industrielle pour modifier favorablement les vices de sa position.

En Angleterre au contraire elle se recrute presque tout entière dans sa propre masse, reste à peu près isolée des autres classes de citoyens ; et lorsque, dans le besoin de bras, elle en prend dans la classe agricole, elle ne trouve là que des prolétaires qui malheureusement n'ont guères plus de moralité qu'eux : mais revenons au fond de notre sujet.

Quand on a commencé à employer les machines dans les arts, des hommes d'abord, des animaux ensuite ou des cours d'eau en ont été les moteurs ; mais les moteurs

animés coûtaient à entretenir et demandaient du repos ;
on les remplace maintenant presque partout par la
vapeur, moteur uniforme, docile, et dont les forces sont toujours nouvelles : en agriculture la vapeur n'a pas trouvé et ne trouvera pas aisément de
l'emploi : il faut dans les arts des forces accumulées qui
s'exercent sur des points donnés : en agriculture, le sol,
matière première, objet de la main-d'œuvre, pour être
travaillé, doit être parcouru et demande pour tous les
détails de sa culture plutôt une force intelligente qui se
répartit d'une manière mesurée et proportionnelle à la
résistance, qu'une force puissante et continue.

La machine à battre pourrait peut-être bien se mou-
voir par la vapeur, parce qu'elle s'exerce sur une même
place et qu'en grandissant la machine comme les forces
on accroîtrait dans la même proportion les résultats :
mais là à peu près devra se borner l'application du moteur nouveau.

D'ailleurs, le travail du sol est la destination de l'homme ;
et par cette raison il est le plus sûr fondement de sa
moralité, de sa santé, de son bonheur et de toute stabilité sociale ; il lui est donc réservé, par une Volonté
Suprême, et par conséquent l'industrie humaine ne par-
viendra pas à pouvoir y suppléer.

Par une disposition toute Providentielle, le sol est
l'apanage de l'homme et des animaux qui l'aident ; il
leur a été donné pour le travailler et pour s'en nourrir,
et les animaux sont presque aussi indispensables à la
culture du sol que l'homme lui-même ; l'homme fournit
l'intelligence qui dirige, il fournit ses bras pour com-
pléter le travail : les animaux l'aident de leurs forces
obéissantes, fournissent l'engrais réparateur et nourri-

cier du sol, et bientôt après deviennent la nourriture de l'espèce privilégiée, de l'espèce hors - rang autour de laquelle la plupart des autres produits de la création semblent avoir été groupés par une Main Toute-puissante.

I.

EMPLOI DE LA CHARRUE POUR LES RÉCOLTES SARCLÉES.

La part que l'homme doit et peut assigner à ses compagnons de travail peut être plus ou moins grande ; c'est là où le progrès est possible, facile même : déjà l'homme a fait un pas immense en adaptant le fer avec lequel il semblait condamné à travailler et ameublir le sol, à un instrument traîné par des animaux : son travail, moins parfait sans doute avec ce nouvel instrument, se trouve en moyenne vingt fois plus tôt expédié qu'avec ses propres bras armés de la bêche.

Mais l'application de la charrue pour remuer le sol et de la force des animaux pour le travailler est loin encore d'avoir toute l'étendue qu'elle peut prendre : les animaux labourent bien partout le sol nu et sans récoltes ; mais ils ne sont encore en France que rarement employés à travailler le sol lorsqu'il est couvert de plantes en culture.

L'anglais Coke à Holkam et d'autres à son imitation sont parvenus à faire travailler par les animaux toutes leurs récoltes, celles même des céréales d'hiver et de printemps ; c'est là le chef-d'œuvre de l'art, le point de perfection qui nous montre jusqu'où peut aller le possible ; mais il faut, pour obtenir ce résultat, des conditions de sol très-meuble, de semailles parfaitement en

lignes, d'instrumens chers et d'une construction difficile,
d'animaux dociles et de conducteurs exercés : toutes
conditions qui se trouvent rarement réunies.

Ce serait assez pour nous si nous pouvions arriver à
la culture facile des récoltes sarclées : on peut, par ce
moyen, épargner les 3/4 de la culture à bras et plus de
moitié de tout le travail des sarclages ; et cela sans
diminuer les produits : déjà, dans beaucoup de pays et
en Angleterre surtout, les animaux font en plus grande
partie le travail des sarclages : en France, le travail
des récoltes sarclées par les animaux n'est encore en
usage général dans aucune province ; il n'est adopté que
dans quelques cultures exceptionnelles ; il offre bien, il est
vrai, quelques difficultés, mais qui peuvent presque partout
être surmontées : dans les terrains légers, dans les sols
d'alluvion, dans la plupart des sols calcaires, il peut
être aisément introduit ; mais dans les sols argilo-siliceux
son succès dépend de plus de conditions : dans les terres
blanches de notre pays, par exemple, le sol tenace,
argileux et empesté de mauvaises herbes, notre
petite araire qui le laboure mal et l'ameublit diffici-
lement, sont de véritables obstacles ; mais d'un autre
côté nous sommes un peu aidés par le travail ordinaire
du sol en sillons qui rend plus facile l'alignement des
récoltes.

Des essais nombreux et continués depuis plus de 15
ans nous ont prouvé que, dans un sol meuble, ou, bien
préparé par la culture et avec des semailles soignées et
faites par un temps favorable, la houe à cheval Dombasle peut être pour nous un instrument très-utile et
très-expéditif ; on peut avec lui cultiver un hectare de
récoltes sarclées en un jour.

Le travail se complète ensuite entre les lignes par des ouvriers qui expédient alors 3 ou 4 fois plus d'ouvrage.

Dans un sol très-meuble et parfaitement égoutté, et lorsqu'on a aligné les semailles en deux sens perpendiculaires entre eux, on peut donner une façon perpendiculaire à la première; l'ouvrage des hommes est alors réduit à un dixième au plus de ce qu'il était.

Deux buttages, ou deux autres façons à plat, si l'on cultive des récoltes qui ne demandent pas à être buttées, suffisent dans le cours de l'été pour tenir le sol ameubli et net de mauvaises herbes.

Cette culture est un peu moins parfaite que celles dont toutes les façons auraient été données à la main en temps opportun; mais elle remue beaucoup plus de terre, butte plus parfaitement les plantes : en résultat le produit en est au moins égal; et il lui resterait l'avantage de diminuer de plus de moitié une main-d'œuvre à laquelle les bras manquent toujours; l'avantage de pouvoir être donnée en temps opportun et d'expédier en quelques jours de bon temps un travail qu'à cause de sa longueur on est obligé de faire par tous les temps; l'avantage, enfin, de faire faire par les animaux, dans un moment où rien ne les presse, la plus grande partie du travail des hommes.

Nous évaluons l'économie à moitié de la main-d'œuvre; en effet, le sarclage à la main demande au moins dans la saison, pour les trois façons nécesaires, 40 journées par hectare, qui peuvent se réduire à 12 avec le travail de la houe à cheval; admettant que trois journées de la houe à cheval équivalent à 8 journées à bras, la dépense est alors réduite à 20 au lieu de 40, ou à moitié comme nous l'avons dit: mais, nous le répétons, il faut que le sol ait été bien préparé, que les semailles aient été bien alignées et faites en temps favorable : la houe à cheval fait un travail médiocre dans un sol scellé par les pluies, infesté de mauvaises herbes, ou mal préparé pour la semaille.

Il est à propos de donner la première façon plus tôt que dans la culture ordinaire, parce qu'il ne faut pas laisser durcir le sol ni établir les mauvaises herbes.

Rien n'empêche, après le travail de la houe à cheval, qu'on ne retarde de quelques jours, suivant ses convenances, le travail complémentaire à la main : on a par ce moyen presque l'avantage de deux façons.

L'alignement des semis se fait sans beaucoup de difficulté dans un sol bien préparé : cependant les traçoirs, soit ceux que nous avons imaginés, soit ceux que nous avons fait venir, ne réussissent que dans un sol léger et sans cailloux. Lorsqu'on ne peut employer un instrument spécial, dans un pays où on laboure à plat ou en larges planches, on place la semence dans un labour de semailles peu profond, sous la $2.^{me}$, $3.^{me}$ ou $4.^{me}$ raie, suivant la distance qui doit séparer les lignes, ou la largeur de la tranche que prend la charrue.

Sur un sol meuble, labouré à plat, un bon laboureur peut, avec une charrue sans oreilles, tracer les lignes de semailles dans lesquelles ensuite la semence s'enterre par un coup de herse ; et dans les pays où, comme dans le nôtre, la terre se laboure en sillons, la semence se place au milieu du sillon, et on recouvre avec l'araire à deux oreilles.

Les distances entre les lignes doivent être plutôt trop grandes que trop petites ; avec un peu d'espace les plantes sont plus faciles à ménager, le travail peut se faire avec plus de facilité.

Les pommes de terre et le maïs demandent au moins 2 1/2 pieds; on peut retrouver, en rapprochant les plantes dans la ligne, une compensation pour l'espace qu'on laisse entre les lignes: les fèves ont assez de 2 pieds: les betteraves, colsats, navettes, raves peuvent être placés de 20 à 24 pouces.

Dans nos essais nous avons d'abord employé les instrumens *Fellemberg et Pictet*, dont le succès n'a pas été complet: nous en avions imaginé un qui leur était supérieur; mais celui de *Dombasle* est préférable: cependant sa Charrue-Buttoir est lourde dans un sol argileux, pour un seul cheval. .

Lorsque les plantes sont faibles, deux bœufs ou deux vaches conduisent bien l'instrument, mais lorsqu'elles sont déjà grandes, il faut un cheval ou un bœuf attelé au collier : le bœuf, dont la marche est plus lente, plus régulière, convient à ce travail mieux qu'un cheval.

En nous résumant sur ce sujet; la culture de la houe à cheval offre un grand nombre d'avantages : elle donne le moyen de mieux faire et mieux soigner les cultures sarclées, le plus souvent négligées ; d'économiser moitié de la dépense sans diminuer les produits; de reporter sur toute l'exploitation avec grand profit, et particulièrement sur le sarclage des blés, des orges et des avoines, une partie de la main-d'œuvre épargnée; de resserrer l'étendue de la jachère en la remplaçant, sur une partie du sol, par des récoltes sarclées; de faciliter et multiplier les récoltes, matières premières de l'industrie; d'étendre la culture des pommes de terre, culture devenue aussi importante pour la nourriture des hommes que pour celle des animaux; de mieux disposer le sol pour la semaille des grains d'hiver, et, en résultat, d'accroître tous les produits en diminuant la dépense : de là résulterait par conséquent un abaissement de prix dans les produits du sol; et par conséquent une nourriture plus saine, plus abondante et moins chère pour les ouvriers eux-mêmes; et c'est là vraiment une amélioration où tout le monde peut prendre sa part.

II.

EMPLOI DE LA CHARRUE DANS LES DÉPLACEMENS DE TERRE.

Ce n'est pas seulement dans la culture du sol et des plantes qui le couvrent que l'homme peut appeler à son aide les animaux : toutes les fois à-peu-près qu'il y a de la terre à remuer, à transporter, la charrue peut remplacer le travail de la bêche : nous l'avons dit précédemment, une charrue remue 20 fois autant de terre qu'une bêche, et cet avantage peut se réaliser partout où la surface n'est pas liée par trop de racines: dans les enlèvemens de terrains, les comblemens, les nivellemens, dans les creusemens de rivières, canaux, fossés même ; toutes les fois que l'espace est suffisant pour pouvoir faire marcher deux animaux de front, la charrue peut rompre et trancher le terrain, et ne plus laisser à l'homme que la peine de soulever et enlever la terre avec sa pelle courbe et la charger sur des tombereaux, des brouettes, ou la jeter seulement hors de la tranchée.

Cet emploi de la charrue que tout le monde conçoit est néanmoins assez rare. M. de la Chapelle a publié, il y a quelques années, les détails d'un travail important qu'il avait beaucoup abrégé par ce moyen: j'ai fréquemment aussi profité de cet avantage, ce qui m'a mis souvent dans le cas d'entreprendre et d'achever 3 ou 4 fois plus d'ouvrage que je n'eusse pu le faire autrement.

Dans le courant de l'hiver dernier, ce moyen m'a donné la facilité d'assainir de grandes et importantes plantations qui, sans cela, n'eussent été qu'imparfaitement mises à l'abri de l'humidité et des eaux stagnantes. J'ai planté en bois résineux, en Mélèzes, Pins du Lord Laricios, Pins sylvestres de divers ordres, Pins maritimes, trois étangs contenant 24 hectares : pour les débarrasser d'eaux que le sol en quelques parties conservait pendant l'hiver, je les ai rayés de fossés perpendiculaires entre eux, dans le sens des deux pentes de l'étang, la largeur et la longueur ; maintenant les eaux s'écoulent avec une grande facilité, et une heure après la pluie, le sol est débarrassé d'eau, comme s'il était placé sur la pente d'un côteau : le travail avait été commencé à la bêche ; mais les fossés eussent été beaucoup moins nombreux, et l'hiver se serait passé sans rien achever ; je suis donc arrivé, avec un atelier de 12 ouvriers qui m'ont fait en 72 journées d'hommes, aidés de 4 journées de charrue *Dombasle*, 1800 toises de 7 1/2 pieds métriques de fossés, dont les plus étroits ont 4 pieds de large et dont la profondeur est de 12 à 15 pouces.

Pour faire chaque fossé on a donné d'abord 4 traits de charrue ; les ouvriers ont levé la terre ; et 4 autres traits suivis de la pelle ont achevé la profondeur.

La charrue, attelée de 4 bœufs, a parcouru dans les 4 jours 36 mille mètres ou 9 lieues, ou 2 lieues 1/4 par jour : son travail n'a guère été que de 5 heures : elle a labouré chaque jour 30 ares.

Il y a eu 9250 mètres cubes de terre remuée : toute

cette terre, tirée à bord du fossé par les ouvriers, a
formé une douve sur laquelle ont été plantées des bou-
tures de peupliers qui ont repris malgré la sécheresse.
Chaque homme a donc soulevé dans sa journée à-peu-
près 28 mètres cubes.

Je faisais faire en même temps, à prix fait, des fossés
de 2 pieds de large et d'un pied 1/2 de profondeur : l'ou-
vrier en faisait 15 toises par jour : il maniait par conséquent 11 mètres cubes ou les 2/3 de ce que maniait
chacun des autres dans un travail à la journée.

J'ai payé 10 centimes la toise courante du fossé fait
à prix fait : à ce prix le mètre cube de déblai revient à 12
centimes : maintenant, en comptant 5 francs par journée
de charrue et 1 franc 25 centimes par journée d'homme,
le travail entier a coûté 120 francs, ou le mètre cube de
déblai a coûté 4 centimes 8/10, près de 3 fois moins
que le travail à prix fait.

Cet avantage que nous avons ici, on peut le reproduire
plus ou moins dans presque tous les mouvemens de
terrain, et réduire par conséquent beaucoup la dépense.

Ici la dépense se réduit d'un peu moins des 2|3 ;
mais il restait encore beaucoup de travail à faire par les
hommes ; et puis la terre était facile à manier ; l'avan·
tage eût été relativement plus grand si la terre eût pré-
senté plus d'obstacles, parce que ce travail eût été fait
par les animaux presqu'aussi vite qu'un travail plus
facile.

Mais dans les ouvrages où les animaux font presque
tout le travail, le bénéfice peut encore beaucoup s'accroître : ainsi le rigolage des prés peut être tout fait à
la charrue, et au moins tout aussi bien qu'à la bêche.

III.

EMPLOI DE LA CHARRUE DANS LE TRAVAIL DES PRÉS.

Dans un terrain ferme, sans joncs et sans carex, la charrue Dombasle ou la charrue Belge, attelée de quatre bœufs, fait très-bien des rigoles d'un pied de large et de 8 pouces de profondeur; c'est un usage auquel on les emploie fréquemment et avec grand profit: mais, dans des prés mouilleux où se trouvent des joncs et des carex, le travail avec ces instrumens devient difficile, souvent même impossible: en outre, les quatre bêtes, dans leurs efforts, entrent dans le sol humide et nuisent beaucoup au fonds; mon beau-père précédemment avait fait venir de Savoie une charrue à rigoles, munie de deux coutres et d'un soc en fer de lance; cette charrue, qui demandait une grande force d'attelage, faisait assez bien le travail dans des prés sains et sans joncs ni carex, mais ne put servir dans les prés pour lesquels on l'avait demandée. J'ai donc dû chercher et j'ai adopté et fait construire une charrue de forme et de système tout-à-fait différent.

Cette charrue, conduite par deux bœufs, fait de 800 à 1000 mètres de rigoles par heure, ces rigoles ont de 8 à 10 pouces d'ouverture, et 4, 5 ou 6 de profondeur : le gazon est levé et placé à bord de la rigole par l'oreille, et ce qu'il y a de bien remarquable c'est que le travail se fait mieux dans les prés jonceux, au milieu des carex, que dans les prés sains, travaillés par les taupes et les mulots où la terre meuble ne retient pas assez la charrue en terre.

Pour pouvoir apprécier d'une manière précise l'avantage de ce nouvel instrument, pendant que travaillait la charrue, un atelier de trois hommes faisait dans le même terrain des rigoles par la méthode ordinaire : deux hommes les taillaient de chaque côté à la bêche, et un troisième sortait le gazon en le coupant avec la bêche et le levant avec la fourche de fer ; cet atelier faisait 100 mètres de rigoles par heure, ou le 9e du travail de la charrue, dont le gazon cependant offrait un volume moitié en sus de celui fait à main d'hommes.

Cette charrue n'est autre chose que l'araire du pays avec un sep plus court ; on lui donne un soc triangulaire, arrondi en cuiller, de 16 à 18 pouces de longueur, qui se termine en bec de canard. Avant d'être arrondi, sa forme est celle d'une bêche triangulaire dont la base, du côté de la douille, a 18 pouces de développement, et la pointe est obtuse : tous ses bords sont bien tranchans.

On recourbe la lame au feu, en lui donnant 10 pouces d'ouverture du côté de la douille : au milieu du soc, à 6 pouces de la douille, pose une oreille qui reçoit le gazon à mesure qu'il se lève, et le rejette au moyen de l'inclinaison qu'on lui a donnée, à droite ou à gauche de la rigole.

Ce travail lève un gazon de moitié en sus de celui des pelles ; la terre creusée plus profonde est taillée sans ressaut : le fonds et les côtés de la rigole sont unis et parfaitement débarrassés ; en sorte que l'eau coule beaucoup mieux et plus abondante que dans les saignées à la main.

Enfin, au moyen de la forme triangulaire du soc, les rigoles peuvent recevoir depuis 11 pouces jusqu'à 3 de largeur, et depuis 8 jusqu'à 2 de profondeur, à la volonté de celui qui conduit l'instrument.

Quatre journées de charrue dans un pré de 18 hecta-res, dont une grande partie est humide et couverte de joncs et de carex, ont fait 24 mille mètres de rigoles, ouvrage dans lequel on emploie tous les deux ans, au moins 80 journées d'hommes: en évaluant à 12 f. les 4 journées de charrue, il y a évidemment plus des 5|6 d'é-conomie, sans compter l'avantage du travail fait prompte-ment, en son temps et qui, à l'avenir, ne pourra plus être négligé.

Mais avec cette araire on peut ne pas se borner à faire des saignées : on peut encore faire des rigoles de dimen-sion plus grande; celles de 12 à 15 pouces se font en deux traits de charrue contigus, et l'oreille lève la terre de chaque côté de la rigole : lorsqu'on les fait de 15 à 18 pouces, la pelle termine l'ouvrage en levant un petit prisme qui reste entre les deux coups de charrue : lorsqu'on veut les faire plus larges, de 20 à 24 pouces, par exemple, on donne deux traits de charrue, en lais-sant entre deux une bande de 6 à 8 pouces: cette bande se lève par un 3.me trait, le gazon sort presque entier de la rigole et la pelle doit seulement en nettoyer le fond.

Cet instrument n'est pas nouveau ; il a été vu dans la montagne par un cultivateur de Marboz, dont j'ignore le nom ; il l'a fait exécuter dans son pays, s'en est bien trouvé et a été imité par d'autres fermiers et par l'un des miens entr'autres qui l'a importé dans la commune voisine.

Mais ces charrues étaient trop faibles et faisaient des rigoles de dimension trop exiguë : le soc avait 12 à 13 pouces de longueur, sur 6 à 7 pouces seulement d'ouverture: j'ai donc agrandi d'un tiers les dimensions en longueur et largeur; j'ai remplacé l'acier de Rives

par l'acier d'Allemagne et il en est résulté un instrument donnant peu de tirage de plus et faisant des rigoles d'un volume double, au moins, des premières : les
fermiers qui en font faire, veulent maintenant les leurs
de même, et tout annonce que cet instrument entrera
dans la culture de chaque ferme. Il n'est d'ailleurs point
difficile à conduire; je l'ai mis successivement entre les
mains de trois fermiers qui l'ont très-bien conduit : il se
conduit aussi facilement que leur araire : dans un pays
où on serait habitué aux avant-trains, il faudrait lui
donner un support ou talon, comme à la charrue belge.

Mais cette pièce, de 18 pouces de long sur autant de
large, est difficile à forger; et puis, lorsqu'elle est usée,
on ne peut la recharger non plus qu'une pelle; il faut
en recommencer une autre : pour éviter ce double in-
convénient, on y adaptera une lame d'acier rivée
sur le corps du soc et qui en garnira tous les bords,
comme les lames des charrues Belge ou Dombasle;
lorsque la lame, usée, ne coupe plus avec facilité, on
l'ôte, on la reforge, la recharge, et on la remet en
place sans toucher au corps du soc.

Cette charrue ainsi modifiée se trouve à Challes dans
la petite ferme expérimentale.

On peut, dans cette circonstance, en remarquant avec
quelle facilité cette charrue se trouve adoptée par les
fermiers, concevoir qu'il y a bien un peu d'exagération
dans tout ce que l'on dit de leur attachement à la rou-
tine et de leur répugnance invincible à adopter des nou-
veautés : lorsqu'on leur prouve, et surtout lorsque la
preuve part de l'un d'eux, qu'une pratique est bonne,
économique et facile à prendre, ils sont assez disposés
à en profiter; mais il faut que la nouveauté ne soit pas

chère ; leur capital circulant est bien faible, ils ont le plus grand intérêt à le ménager ; ils ne peuvent l'employer qu'à des améliorations dont le produit est immédiat.

Toutefois nous ne pouvons pas nous dissimuler que notre agriculture se trouve dans une position dont il faut absolument qu'elle puisse au plus tôt sortir ; ses produits se sont bien accrus, mais ses dépenses et surtout sa main-d'œuvre ont crû dans un plus grand rapport, en sorte qu'elle ne produit pas à moindre frais qu'il y a 40 ans, époque depuis laquelle les autres industries ont diminué souvent de plus de moitié leurs dépenses de fabrication. L'agriculture, sous ce point de vue, est donc restée presque stationnaire et plus en France qu'en Angleterre et même qu'en Allemagne.

L'emploi de la charrue aux différens usages que nous venons d'indiquer et celui de la faux pour la moisson diminueraient, à ce qu'il semble, d'un cinquième au moins la main-d'œuvre des exploitations, laisseraient aux fermiers des bras et du temps disponibles pour un travail plus soigné, plus productif, pour la culture des végétaux de commerce que nous allons chercher ailleurs à grands frais.

L'agriculture verrait alors arriver, dans les mains de ceux qui l'exercent, un peu de cette aisance qui semble appartenir exclusivement aux chefs d'industrie manufacturière, et dont elle ne s'aperçoit que pour voir élever à un prix disproportionné la valeur capitale du sol, sans que ses produits soient en rien augmentés.

La culture du sol ne tire aucun avantage de sa surévaluation, elle est plutôt nuisible à ceux qui l'exercent : le nouveau propriétaire qui a si chèrement acquis, veut un revenu qui rapproche de son prix d'acquisition, en sorte que par lui ou par ses hommes d'affaires, les fermages s'accroissent au-delà de ce que peut payer le fermier et de ce que vaut la ferme.

Lorsque le nouveau propriétaire veut lui-même essayer de la culture, il se prépare encore plus de mécomptes que celui qui en a appris et qui en fait le métier; et la cause en est toujours que notre agriculture produit trop chèrement.

Il faut donc que tous les efforts de ceux qui cultivent le sol, de ceux qui le possèdent, de tous ceux enfin qui attachent du prix à la prospérité de cette grande industrie, s'emploient à amener l'agriculture française au point où en sont arrivées les autres fabrications, à produire plus et à moindres frais.

M.-A. PUVIS.